El cuerpo de los insectos

Arnhila Badía

Melodía: Head, Shoulders, Knees, and Toes

Rourke
Educational Media

rourkeeducationalmedia.com

Cabeza, tórax y abdomen – abdomen

Cabeza, tórax y abdomen – abdomen

Ojos, boca,

dos antenas

y seis patas.

Los insectos están entre

las plantas – entre las plantas.

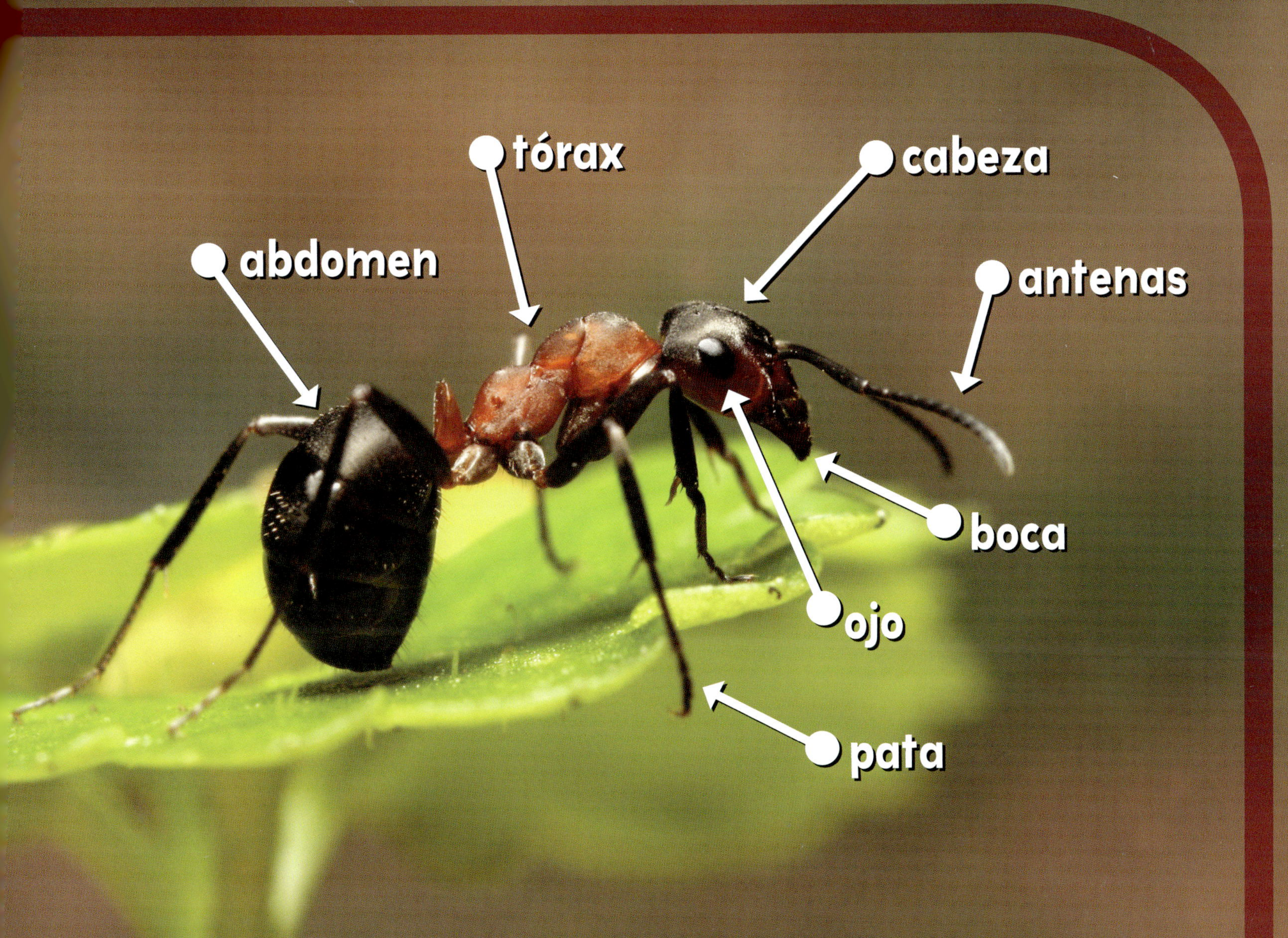
tórax
cabeza
abdomen
antenas
boca
ojo
pata

Mmm, tórax y abdomen – abdomen

Mmm, tórax y abdomen – abdomen

Ojos, boca,

dos antenas

y seis patas.

Los insectos están entre

las plantas – entre las plantas.

Mmm, mmm y abdomen – abdomen

Mmm, mmm y abdomen – abdomen

Ojos, boca,

dos antenas

y seis patas.

Los insectos están entre

las plantas – entre las plantas.

Mmm, mmm, mmm – abdomen

Mmm, mmm, mmm – abdomen

Ojos, boca,

dos antenas

y seis patas.

Los insectos están entre

las plantas – entre las plantas.

abdomen

Mmm, mmm, mmm – mmm

Mmm, mmm, mmm – mmm

Ojos, boca,

dos antenas

y seis patas.

Los insectos están entre

las plantas – entre las plantas.

Mmm, mmm, mmm – mmm

Mmm, mmm, mmm – mmm

Mmm, boca,

dos antenas

y seis patas.

Los insectos están entre

las plantas – entre las plantas.

Mmm, mmm, mmm – mmm

Mmm, mmm, mmm – mmm

Mmm, mmm,

dos antenas

y seis patas.

Los insectos están entre

las plantas – entre las plantas.

antenas

Cabeza, tórax y abdomen – abdomen

Cabeza, tórax y abdomen – abdomen

Ojos, boca,

dos antenas

y seis patas.

Los insectos están entre

las plantas – entre las plantas.